BEI GRIN MACHT SICH IHR WISSEN BEZAHLT

- Wir veröffentlichen Ihre Hausarbeit,
  Bachelor- und Masterarbeit

- Ihr eigenes eBook und Buch -
  weltweit in allen wichtigen Shops

- Verdienen Sie an jedem Verkauf

Jetzt bei www.GRIN.com hochladen
und kostenlos publizieren

GRIN

Synthetische, nachhaltige Kraftstoffe im Flugverkehr. Kosten und Potenziale

Mario Brause

Bibliografische Information der Deutschen Nationalbibliothek:

Die Deutsche Nationalbibliothek verzeichnet diese Publikation in der Deutschen Nationalbibliografie; detaillierte bibliografische Daten sind im Internet über http://dnb.d-nb.de abrufbar.

ISBN: 9783346774804
Dieses Buch ist auch als E-Book erhältlich.

© GRIN Publishing GmbH
Nymphenburger Straße 86
80636 München

Alle Rechte vorbehalten

Druck und Bindung: Books on Demand GmbH, Norderstedt Germany
Gedruckt auf säurefreiem Papier aus verantwortungsvollen Quellen

Das vorliegende Werk wurde sorgfältig erarbeitet. Dennoch übernehmen Autoren und Verlag für die Richtigkeit von Angaben, Hinweisen, Links und Ratschlägen sowie eventuelle Druckfehler keine Haftung.

Das Buch bei GRIN: https://www.grin.com/document/1303499

Synthetische Kraftstoffe – Seminararbeit: „SAFt der Zukunft? – Kosten und Potential von synthetischen Kraftstoffen im Flugverkehr"

Energiewirtschaftliche Aspekte der Energietechnik II (EWAE)

FB16 Elektrotechnik/Informatik
Fraunhofer ISI

Sommersemester 2022

Eingereicht von:

Mario Lorenzo Brause

Kassel, 16.09.2022

Inhaltsverzeichnis

1. Einleitung

Der Internationalen Energiebehörde (IEA) zufolge, wurden 2021 mit ca. 36,3 Gigatonnen CO_2-Emissionen weltweit emittiert, die bisher höchste jährliche CO_2-Konzentration (vgl. IEA 2022: 3). An den weltweiten Emissionen ist der internationale Flugverkehr mit 2 - 2,5 % beteiligt (vgl. BAZL 2020: 2). Obwohl dieser relative Anteil recht gering wirkt, ist auch eine Beteiligung des Luftfahrtsektors, bei der CO_2-Reduktion notwendig, um die gesetzten Klimaziele bis 2050 zu erreichen. Hierbei gibt es von Seiten der Industrie und der Forschung, aktuell verschiedene Ansätze, um die Emissionen zu reduzieren: Hybrid-elektrisch (vgl. Bauhaus Luftfahrt 2022), Elektrisch, Wasserstoff und auch Solar (vgl. Airbus 2022) sind vier Beispiele für alternative Antriebe an denen aktuell in der Branche geforscht wird. Doch all diese alternativen Antriebsoptionen sind mit unterschiedlichen Herausforderungen und Problemen behaftet, wie Bauen et al. (2020: 270-273) feststellten.

Laut Eurocontrol (02.2021: 6) können die Emissionen des Luftfahrtsektors allerdings auch durch die Nutzung von sogenannten nachhaltigen Flugkraftstoffen, im Fachjargon Sustainable Aviation Fuels, kurz SAF genannt, um bis zu 80% reduziert werden, welche somit eine weitere grüne Alternative darstellen. Da die Entwicklung und Zulassung der o.g. alternativen Antriebe mit einigen Hürden verbunden ist, stellt SAF aufgrund des Fortschritts in Entwicklung und Zulassung, aktuell die beste Alternative dar, wenn auch die Nutzung zurzeit nur als Beimischung mit fossilem Kerosin erlaubt ist (vgl. Begli, Atanasov o.J.).

In der jüngeren Vergangenheit hat die Anzahl der Nutzer von SAF zugenommen, wobei das jüngste Beispiel Singapore Airlines (SIA) darstellt, welche 2022, zusammen mit 3 anderen Unternehmen aus der Luftfahrtbranche, die Global SAF Declaration unterzeichnet hat (vgl. SIA 17.02.2022). SIA hatte kurz zuvor ExxonMobil als Kraftstofflieferanten ausgewählt, welcher das nachhaltige Kerosin am Changi International Airport, gemischt mit fossilem Kraftstoff, bereitstellen soll (vgl. CAAS 11.02.2022). Das SAF selbst stammt von Neste aus Finnland (vgl. ebd.), welcher weltweit einer der führenden Produzenten von nachhaltigen Kraftstoffen ist (vgl. neste.com o.J.). Neben Singapore Airlines versorgt der finnische Mineralölkonzern auch Kunden in Europa mit nachhaltigem Kerosin, wie die niederländische KLM Royal Dutch Airlines (KLM), dessen ‚Corporate BioFuel Programme‘ Neste beigetreten ist (vgl. Sieppi 10.12.2019). Doch auch auf der anderen Seite des großen Teiches zählen 3 große Airlines zu Kunden von Neste und Nutzern von SAF (vgl. Sieppi 13.08.2020). Zusammen mit Neste wollen Alaska Airlines, JetBlue Airways und American Airlines die Anzahl von mit SAF betriebenen Flüge von San Francisco aus erhöhen (vgl. ebd.). Daneben ist mit United Airlines eine weitere große US-Airline bestrebt, mittels SAF seinen ökologischen Fußabdruck zu reduzieren (vgl. United Corporate Responsibility Report 2022). Zwar kein Kunde von Neste, fungiert United Airlines allerdings als eine Art Treiber, unterstützt und bringt die Entwicklung, Zulassung und Produktion von SAF voran, u.a. durch Investments in SAF-Produzenten, Einführung des Eco-Skies Alliance Programms und führte im Dezember 2021 den ersten Passagierflug durch, bei welchem ein Triebwerk ausschließlich durch SAF und keinem Gemisch gespeist wurde (vgl. ebd.).

Doch genauso vielfältig wie die Kundenlandschaft, ist auch die ‚Artenvielfalt‘ von SAF, welche aktuell 6, mit unterschiedlichen Rohstoffen gespeiste, Produktionsprozesse umfasst (vgl. ICAO 12.2018: 24). Die unterschiedlich produzierten ‚Arten‘/Varianten, sog. Sorten, von SAF werden von verschiedenen Produzenten angeboten, neben Neste von Unternehmen wie z.B. Fulcrum Bioenergy, Gevo oder Total (vgl. ebd.). Diese Sorten sind durch die ASTM International zugelassen, erfüllen somit die Standards ASTM D7566 und ASTM 1655 und dürfen in unterschiedlichen Verhältnissen herkömmlichen Kerosin beigemischt werden (vgl. ICAO 12.2018: 23). Bei den unterschiedlichen Mischungsverhältnissen besteht ein Limit von 50%, wobei in Zukunft der Anteil auf 100% gesteigert werden könnte (vgl. ebd.). Wie Eurocontrol (02.2021: 15) im Februar 2021 verlauten ließ, plant Boeing sogar seine Flugzeuge bis 2030, für den Betrieb mit 100% SAF, durch die Luftfahrtbehörden zuzulassen.

Mit unterschiedlichen Prozessen und Rohstoffen, die für die Produktion der verschiedenen Sorten von SAF benötigt werden, entstehen auch unterschiedliche Kosten (vgl. Bauen et al. 2020: 266-267). Mit 6 verschiedenen Sorten von SAF, die mit unterschiedlichen Prozessen und Kosten produziert werden, gibt es für dieses Produkt, eine neue Alternative für ‚sauberes‘ Fliegen, bereits ein großes Angebot. Wie oben bereits erwähnt, gibt es ebenso unterschiedliche Produzenten des neuen Triebstoffes, die sich jeweils unterschiedlicher Prozesse und Rohstoffe zur Produktion von SAF bedienen. Dadurch entstehen unterschiedliche Kosten für die Herstellung wodurch sich die Sorten auch preislich voneinander unterscheiden, ähnlich wie auch bei Produkten des täglichen Bedarfs im Supermarkt. Wo auch der Ottonormalverbraucher eine Entscheidung trifft, müssen Unternehmen wie Fluggesellschaften oder auch Flughafenbetreibern eine Entscheidung beim Kauf von SAF treffen: Welches Produkt bietet das beste Preis-/Leistungsverhältnis? Daneben stellt sich eine weitere Frage, u.a. Investmentfirmen oder potentiellen SAF-Produzenten: Welche Sorte ist für ein Investment am attraktivsten und mit welchem der Herstellprozesse sollte man produzieren? Die Kosten für die Produktion von 1 Mio. t SAF liegen doppelt, teilweise sogar 5-mal so hoch wie die von fossilem Kerosin (vgl. Bauen et al. 2020: 264). An dieser Stelle stellt sich die Frage, wie die Politik bei der aeronautischen Verkehrswende mitwirken und die Nutzung von SAF unterstützen kann. Ebenfalls schwanken aber auch die potentiellen CO_2-Einsparungen zwischen den verschiedenen Sorten (vgl. ebd.), sodass sich auch die Frage stellt, welche Sorte das höchste Einsparpotential mit sich bringt. Um die o.g. Lücken zu füllen, soll diese Arbeit die wirtschaftlichen und technischen Aspekte von SAF und seinen verschiedenen Sorten genauer untersuchen und folgende Forschungsfragen beantworten:

RQ1:   Welche der unterschiedlichen SAF-Sorten bietet bzgl. CO_2-Einsparungen und Herstellkosten bzw. Verkaufspreis das höchste Potential für Fluggesellschaften und (potentielle) Produzenten?

RQ2:   Welche der unterschiedlichen SAF-Sorten stellt, in Abhängigkeit der in RQ1 genannten Kriterien, ein attraktives Investment dar bzw. sollte durch potentielle Produzenten am ehesten hergestellt werden?

RQ3:   Welche Anreize können politische Institutionen und Entscheider schaffen, um die Verbreitung und Nutzung von SAF, für die aeronautische Verkehrswende, zu fördern?

Das Ziel dieser Arbeit ist es, eine Übersicht über die aktuell verfügbaren SAF-Sorten, sowie deren Kosten und CO_2-Einsparpotentiale, zu erstellen und anhand der in RQ1 genannten Kriterien zu bewerten, um so ein übersichtliches Gesamtbild zu schaffen. Daneben soll auch auf den aktuellen Zulassungs- bzw. Entwicklungsstand der einzelnen Sorten eingegangen werden. Das Resultat dieser Arbeit kann als eine Art Empfehlung für Entscheidungsträger aus Wirtschaft und Politik verstanden werden, indem die SAF-Sorte/n mit dem besten ‚Preis-/Leistungsverhältnis‘ aufgelistet wird/werden. Auf diese Weise soll eine Art Kompass geschaffen werden, welcher in dem Pool an aktuell verfügbaren Sorten etwas Orientierung für o.g. Entscheidungsträger und andere interessierte Personen offeriert.

Die weitere Arbeit ist wie folgend strukturiert: Zunächst erfolgt einer Beschreibung der, im Rahmen dieser Arbeit, angewendeten Forschungsmethode. Danach wird zuerst SAF allgemein vorgestellt, bevor eine Auflistung und detailliertere Beschreibung der einzelnen, unterschiedlichen Sorten, sowie deren Unterschiede zueinander folgt. Hierbei wird sich primär auf die verschiedenen Verfahren zur Produktion und die benötigten Rohstoffe fokussiert. Basierend darauf erfolgt eine Präsentation der Kosten und Verkaufspreise, für die einzelnen SAF-Sorten, sowie deren Einsparpotential von CO_2. Es folgt eine Beschreibung des aktuellen Zustands bzgl. Forschung und Zulassung von SAF (inkl. Mischungsverhältnis), sowie Vorschläge, welche Anreize für CO_2-Einsparungen aktuell bereits existieren und welche Anreize für die Herstellung und Nutzung von SAF und Investments in die Produktion geschaffen werden können. Abschließend gibt es ein Fazit, in welchem die einzelnen Sorten nach Kosten bzw. Preis/ CO_2-Einsparungsverhältnis in einem Ranking aufgelistet und die demnach beste Sorte empfohlen wird. Ebenso erfolgt im Fazit eine Auflistung an Empfehlungen für politische Anreize, die schon für andere Bereiche existieren oder erst noch geschaffen werden müssten.

2. **Forschungsmethode**

Zur Durchführung der Forschung als Basis für diese Arbeit, wurde vom Autor eine Literaturrecherche als Methode ausgewählt. Hintergrund ist eine recht breite Auswahl an wissenschaftlichen Artikeln über SAF generell, wobei die jeweiligen spezifischen Fachrichtungen der Artikel, ziemlich unterschiedlich sind. So wurden vom Autor viele technische Artikel gefunden, während die Anzahl an wirtschaftlichen (insb. finanzbasierten) Artikeln etwas begrenzter war. Einige Artikel waren überdies wegen Zugangsbegrenzung nicht verfügbar. Die Suche nach passender Literatur wurde im Frühling 2022 durchgeführt. Die in dieser Arbeit veröffentlichten Daten und gewonnenen Erkenntnisse, basieren somit auf der mit Stand 2022 verfügbaren akademischen Literatur. Insgesamt wurden von den gesichteten Artikeln 12 als inhaltlich relevant eingestuft und für die weitere Literaturrecherche dieser Arbeit verwendet wurden. Von diesen 12, inhaltlich relevanten, Artikeln sind 5 Sachberichte von internationalen Luftfahrtorganisationen. Die Literatursuche wurde mittels Google Scholar durchgeführt. Dabei wurde mit den Schlagworten „SAF", „Sustainable Aviation Fuel", „Costs", „Prices", „Production", „Emissions" und „CO2-Reduktion" gearbeitet, um einen allumfassenden Zusammenhang zwischen der technischen und der wirtschaftlichen Ebene herzustellen. Auf diese Weise können die unterschiedlichen Artikel verschiedener Fachrichtungen im Rahmen dieser Arbeit, inhaltlich zusammengeführt werden und im zusammenhängenden Kontext präsentiert und analysiert werden.

Eine Literaturrecherche ist eine in der Forschung häufig verwendete Methode, im Rahmen welcher die aktuell verfügbare Literatur, sei sie jüngeren oder auch älteren Datums untersucht wird (vgl. Grant und Booth (2009): 97). Der Royal Literary Fund (2022) nennt folgende Ziele, welche mittels einer Literaturrecherche verfolgt werden: untersuchen von Literatur aus dem zu untersuchenden Forschungsgebiet, synthetisieren und analysieren von in der Literatur enthaltenen Informationen, sowie eine übersichtliche Präsentation der Literatur und derer Resultate. Auf diese Weise wird die vorangegangene Forschung und ihre Resultate zusammenfassend präsentiert und veranschaulicht, was bereits über ein Forschungsfeld bzw. -thema bekannt ist (vgl. Royal Literary Fund (2022)). Die dabei herangezogene Literatur wurde vor der Veröffentlichung in dem jeweiligen Fachjournal durch andere Forscher begutachtet, im Rahmen eines sog. Peer-Review, und besitzt daher eine gewisse Beständigkeit in der Fachwelt (vgl. Grant und Booth (2009): 97). Die herangezogenen Artikel sind daher als entsprechend zuverlässig und qualitativ hochwertig einzustufen, welche daher eine gute Grundlage für eine Literaturrecherche und einer darauf basierenden Arbeit bieten. Im Rahmen einer Literaturrecherche besteht die Möglichkeit, durch eine Vielzahl von wissenschaftlichen Artikeln als Basismaterial, dieses zu analysieren, zu selektieren und deren jeweiligen Forschungsbeitrag zum jeweiligen Thema oder der jeweiligen Fachwelt zu bewerten und bzgl. wissenschaftlicher Bedeutung einzuordnen (vgl. Grant und Booth (2009): 97). Ein wichtiger Fokus lag, aufgrund des Themas dieser Arbeit, auf technoökonomischen Analysen für SAF und deren verschiedenen Produktionsverfahren.

Eine Literaturrecherche wurde vom Autor dieser Arbeit als für den Zweck angemessen bewertet und daher als Grundlage für das weitere Vorgehen, zur Durchführung des Forschungsprojektes, ausgewählt. Ziel ist hierbei, wie als eines von der Royal Literary Fund genannten Ziele, die bislang erworbenen Kenntnisse über SAF, sowohl technischer als auch finanzieller Art, zusammenzufassen und zu präsentieren, um so ein übersichtliches Gesamtbild zu schaffen. Die Aufdeckung von Lücken oder Widersprüchen, wie von Grant und Booth ((2009): 97) als ein Vorteil von einer Literaturrecherche genannt, steht hierbei nicht im Vordergrund und spielt daher nur sekundär eine Rolle. Eine Aufdeckung von solchen Lücken und Widersprüchen werden am Ende als Richtungsweiser für zukünftige Forschungen aufgelistet und beschrieben.

3. <u>Sustainable Aviation Fuel (SAF) – Sorten & Prozesse</u>

Als für diese Arbeit relevant, wurden die zum Zeitpunkt der Erstellung bereits durch die ASTM (American Society for Testing Materials) International zugelassenen SAF-Sorten und ihre Produktionsverfahren ausgewählt. Hintergrund dieser Auswahl ist der Umstand, dass sich die anderen Sorten und ihre Produktionstechnologien noch im Teststadium befinden und daher noch ein gänzliches Scheitern diese Technologien nicht ausgeschlossen werden kann, sodass eine Berücksichtigung dieser Technologien keinen Mehrwert liefern würde, vor allem vor dem in der Einleitung erwähnten Zweck dieser Arbeit.

Die bisher durch die ASTM zugelassenen SAF-Sorten und -Produktionstechnologien umfassen: **H**ydroprocessed **E**sters and **F**atty **A**cids **S**ynthetic **P**araffinic **K**erosene (**HEFA-SPK**), **Fi**scher-**T**ropsch **S**ynthetic **P**araffinic **K**erosene (**FT-SPK**), **Fi**scher-**T**ropsch **S**ynthetic **K**erosene with **A**romatics (**FT-SKA**), **D**irect **S**ugar to **H**ydro**c**arbon (**DSHC**), auch **S**ynthesized **I**so-**P**araffins (**SIP**) genannt, **C**atalytic **H**ydrothermolysis (**CH**) und **A**lcohol-**T**o-**J**et (**ATJ**) (vgl. Garcia-Perez et al. (2021), S. 3). Eine schematische Übersicht des jeweiligen Ablaufes dieser Prozesse ist in der nachstehenden Abbildung 1 enthalten.

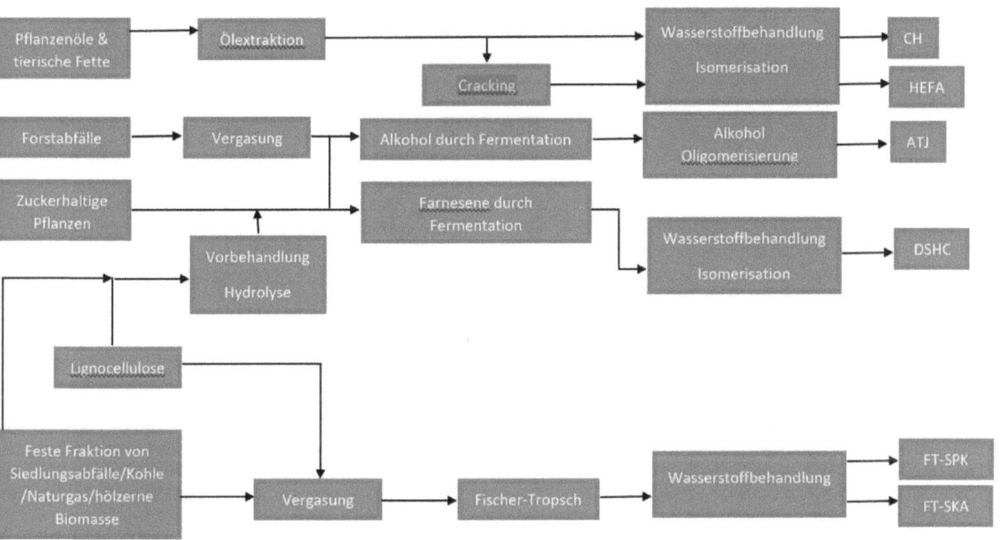

Abbildung 1: Schematische Darstellung von SAF-Produktionsprozessen mit ASTM-Zulassung (Quelle: In Anlehnung an Garcia-Perez et al. (2021), S. 4)

Als Rohstoffe stehen dabei verschiedene Materialien zur Verfügung: Zucker und Stärke, über welche auch Ethanol gewonnen werden kann, Pflanzen- und Altöle (gebrauchtes Bratöl; Used Cooking Oil (UCO)) und Lignocellulose (z.B. Holzreste, wie Sägespäne oder Abfälle aus der Land- und Forstwirtschaft). Für die Gewinnung von Zucker wird primär Zuckerrohr verwendet, während Stärke hauptsächlich aus Mais gewonnen wird. Andere stärkehaltige Pflanzen, welche als Rohstoffquelle genutzt werden können, sind u.a. Weizen und Maniok. Bei den Pflanzenölen besteht wiederum eine größere Auswahl: So können sowohl Soja- und Palmöl, welche hauptsächlich als Rohstoffquelle herangezogen werden, auch Öl von Jatropha oder Leindotter verwendet werden, welche allerdings noch jeweils technischen Herausforderungen unterliegen, weshalb mit diesen Rohstoffen bisher noch keine kommerzielle Produktion erreicht wurde. Neben UCO und Pflanzenölen besteht auch die Möglichkeit tierisches Fett, welches als Abfall in der Nahrungsmittelindustrie entsteht, als Rohstoff für SAF zu nutzen (vgl. Springer (2018), S. 24 ff.).

3.1. **Hydroprocessed Esters and Fatty Acids Synthetic Paraffinic Kerosene (HEFA-SPK)**

Das HEFA-Verfahren gehört zu den Prozessarten, welche Lipide umwandeln (vgl. Springer (2018), S. 29). Im Rahmen dessen werden triglyceridhaltige Pflanzenöle, UCO und tierische Fette mit Wasserstoff behandelt und so in SAF umgewandelt (vgl. Garcia-Perez et al. (2021), S. 6). Dieser Prozess gilt, im Kontext der anderen verfügbaren Prozesse, als am weitesten entwickelt (vgl. Bauen et al. (2020), S. 266). Der daraus resultierende SAF besitzt die gleichen Charakteristika wie Petroleum, bringt zugleich allerdings die Vorteile u.a. von einem geringeren Schwefelgehalt und einer höheren Cetanzahl mit sich (vgl. Wang und Tao (2015), S. 809). Im Rahmen der Umwandlung erfolgt als erstes eine katalytische Behandlung der Rohstoffe mit flüssigem Wasserstoff, um diesen, bei 350°C und 30 bar erfolgend, den Sauerstoff zu entziehen (vgl. Diedrichs et al. (2016), S. 335). Im Anschluss daran grenzt die Zugabe von weiterem Wasserstoff, wodurch die Glycerinstrukturen der Triglyceride aufgebrochen und die Doppelbindungen, z.B. Alkene und Aromaten, gesättigt und so Fettsäuren freigesetzt werden (vgl. Alam et al. (2021), S. 1802; Bauen et al. (2020), S. 266; Diedrichs et al. (2016), S. 336). Auf diese Weise werden die Doppelbindungen u.a. in Paraffine und Cycloalkene umgewandelt, die weitaus reaktionslangsamer und auch stabiler sind (vgl. Bauen et al. (2020), S. 266). Dies erfolgt in einem Hydrocracker-Reaktor bei 278°C und ca. 55 bar (vgl. Diedrichs et al. (2016), S. 336). Neben den Fettsäuren entsteht auch Propan, welches durch die Beimischung des Wasserstoffes zum Glycerin entstanden ist und im Anschluss gereinigt wird (vgl. Wang und Tao (2015), S. 809). Danach erfolgt die Umwandlung in freie Fettsäuren (vgl. ebd.). Anschließend ist eine Isomerisierung notwendig, um den lang- und kurzkettigen Alkanen (Paraffine) die notwendigen Eigenschaften eines hohen Brennpunktes und guten Kaltfließeigenschaften zu verleihen (vgl. ebd.; Garcia-Perez et al. (2021), S. 6). Abschließend erfolgt eine Destillation des nun entstandenen Zwischenproduktes, um dieses in das angestrebte Endprodukt und damit einhergehende Nebenprodukte umzuwandeln, welche neben SAF auch Diesel, Naphtha und Propan beinhalten (vgl. Garcia-Perez et al. (2021), S. 6). Die Umwandlungseffizienz (Rohöl-Kraftstoff-Verhältnis) liegt zwischen 72 – 76 % (vgl. Alam et al. (2021), S. 1802; Bauen et al. (2020), S. 266). Die Hauptprobleme, die bei der Erreichung kommerzieller Maßstäbe zu bewältigen sind, liegen zum einen in der geringen Menge von UCO and Fettabfällen und zum anderen in der Konkurrenz mit der Versorgungssicherheit, aufgrund von Landnutzungsänderung durch den Anbau von ölhaltigen Energiepflanzen (vgl. Bauen et al. (2020), S. 266). Hingegen bietet dieser Prozess zugleich den Vorteil der Abfallverwertung von Fettabfällen aus der Nahrungsmittelindustrie und Altölen, z.B. aus der Gastronomie, was wiederum aus ökologischer Sicht positive Aspekte für die Umwelt sind (vgl. Springer (2018), S. 26). Nach Schätzungen wurden im Jahre 2016 insgesamt ca. 25 Millionen Tonnen UCO und ca. 5 Millionen Tonnen an tierischen Fetten verursacht, welche als potenzielle Rohstoffe für den HEFA-Prozess genutzt werden könnten (vgl. ebd.). Eine Kurzübersicht über den Ablauf des HEFA-Prozesses, ist in der nachstehenden Abbildung 2 enthalten.

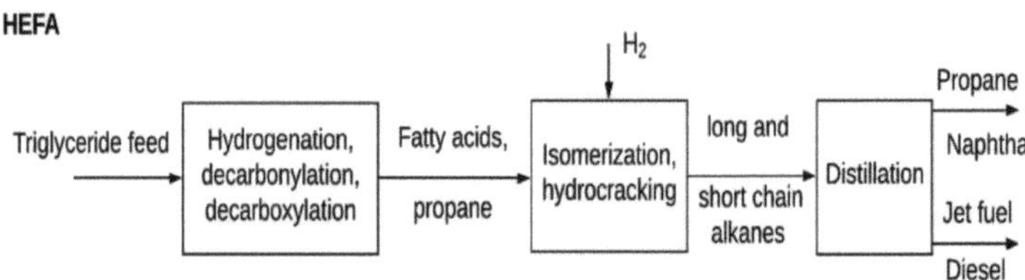

Abbildung 2: Schematischer Ablauf des HEFA-Prozesses (Garcia-Perez et al. (2021), S. 6)

3.2. Catalytic Hydrothermolysis (CH)

Der CH-Prozess, auch hydrothermale Verflüssigung genannt, ist ebenfalls ein biochemischer Prozess und kann mit den gleichen Rohstoffen, wie der HEFA-Prozess ‚gefüttert' werden (vgl. Wang und Tao (2015), S. 810). Er umfasst dabei verschiedene Schritte, u.a. die des Aufbrechens, Hydrierens und Isomerisierens und läuft unter Zuhilfenahme von Wasser und einem Katalysator, bei einem Druck 210 bar und einer Temperatur von 450 – 475°C ab (vgl. ebd.). Als Zwischenprodukte entstehen zunächst verschiedene Alkane (n-Alkane, Iso-Alkane, Cyclo-Alkane) und Aromaten, welche anschließend fraktioniert werden, woraus schließlich das angestrebte Endprodukt SAF, sowie die Nebenprodukte Diesel und Naphtha entstehen (vgl. ebd.).

3.3. Fischer-Tropsch Synthetic Paraffinic Kerosene/Fischer-Tropsch Synthetic Kerosene with Aromatics (FT-SPK/SKA)

Bei dem FT-Prozess handelt es sich um einen thermochemischen Prozess, mittels welchem Synthesegas in flüssigen Kraftstoff umgewandelt werden kann (vgl. Springer (2018), S. 29; Wang und Tao (2015), S. 811). Der Ausgangsrohstoff ist hierbei Lignocellulose, welcher hierdurch in SAF, Diesel und Naphtha umgewandelt werden kann (vgl. Diedrichs et al. (2016), S. 333; Bauen et al. (2020), S. 267). Nach der Trocknung der lignocellulosehaltigen Biomasse, erfolgt eine Vergasung von dieser unter einer Temperatur zwischen 900 bis ca. 1.300°C und Druck (vgl. Wang und Tao (2015), S. 811; Diedrichs et al. (2016), S. 333). Dabei erfolgt eine Vermischung mit Dampf und Sauerstoff über einen Wirbelschichtvergaser, woraus schließlich das Synthesegas entsteht (vgl. ebd.). Anschließend wird das entstandene Synthesegas bei einem Druck von 33 bar komprimiert und von Asche, Teer und CO_2 gereinigt (vgl. ebd.). Im darauffolgenden FT-Synthese-Reaktor wird das Synthesegas mit einer Temperatur von 95°C und unter einem Druck von 42 bar schließlich in flüssige Kohlenwasserstoffe umgewandelt, wobei eine Umwandlungsrate von 40% erreicht wird (vgl. Diedrichs et al. (2016), S. 333). Dabei entstehende Leichtgase werden über den Prozess der autothermischen Reformation, bei 1.000°C und 33 bar Druck, wieder in Synthesegase umgewandelt und anschließend wieder in den Prozess eingespeist (vgl. Wang und Tao (2015), S. 811). Im Rahmen des FT-Prozesses entstehen neben den angestrebten Alkanen und Alkenen, welche für die Kraftstoffproduktion benötigt werden, u.a. auch Carbonsäure, Alkohole und Aldehyde (vgl. ebd.). Im Anschluss an die Umwandlung in Kohlenwasserstoff erfolgt der Prozess des Hydrocracking bei 350°C und 35 bar, im Rahmen welchem das synthetische ‚Rohöl' zusammen mit überschüssigem Wasserstoff aufgebrochen und isomerisiert wird, um das Zwischen-produkt in Kraftstoff umzuwandeln (vgl. Diedrichs et al. (2016), S. 333). Nach Abschluss dieses Schrittes und der darauffolgenden Fraktionierung, sind aus dem Synthesegas schließlich SAF, Diesel, Naphtha und Schmiermittel entstanden (vgl. Wang und Tao (2015), S. 812). Besondere Schwierigkeiten bereitet die geringe ökonomische Rentabilität und die Effizienz, da der Aufbau dieses Prozesses nur für kleine Produktionsvolumen ausgelegt ist (vgl. Bauen et al. (2020), S. 267). Teile des Prozesses (einzelne Komponenten) sind bereits für andere Zwecke, bereits im kommerziellen Einsatz (z.B. Erzeugung von Biogas zur Wärme- und Energieproduktion) (vgl. ebd.). Eine schematische Darstellung des Prozessablaufes für den FT-Prozess, ist in der auf der nächsten Seite befindlichen Abbildung 3 enthalten.

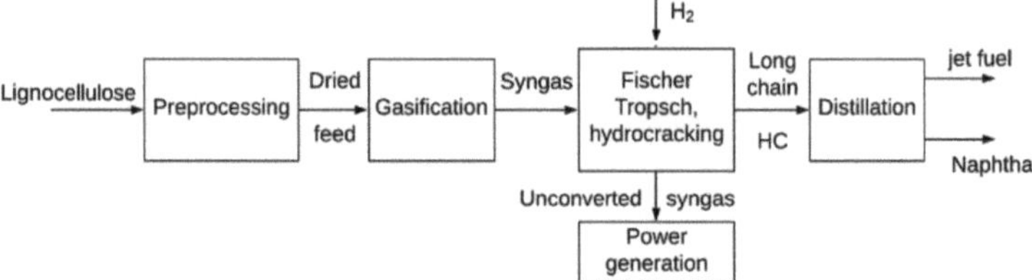

Abbildung 3: Schematische Übersicht über den FT-Prozessablauf (Garcia-Perez et al. (2021), S. 9)

3.4. __Direct-Sugar-to-Hydrocarbons (DSHC)__

Der DSHC-Prozess nutzt primär konventionellen Zucker, kann alternativ allerdings auch Lignocellulose, aus welchem Zucker gewonnen wird, verwenden, um diesen in SAF umzuwandeln (vgl. Garcia-Perez et al. (2021), S. 8; Bauen et al. (2020), S. 266). Bei der Nutzung von Lignocellulose als Rohstoff werden die Zellwände der Biomasse aufgebrochen, um Hemicellulosezucker freizusetzen und diesen anschließend zu hydrolysieren (vgl. Wang und Tao (2015), S. 814). Das Resultat ist flüssiger Zucker, welcher anschließend dehydriert wird, um ihn aufzukonzentrieren (vgl. ebd.). Im Anschluss gibt es drei unterschiedliche Wege, wie der Zucker in Zwischenprodukte (Kohlenwasserstoffe oder Lipide) und darüber in SAF umgewandelt werden kann: 1.) heterotrophe Algen oder Hefe wandeln den Zucker in Lipide um, 2.) Konsum des Zuckers und Ausscheidung von langkettigen, flüssigen Alkenen durch genetisch modifizierte Hefe und 3.) Konsum des Zuckers und Ausscheidung von kurzkettigen, gasförmigen Alkenen durch genetisch modifizierte Bakterien (vgl. Bauen et al. (2020), S. 266). Es erfolgt durch einen der Prozesse eine aerobe Fermentation des Zuckers, aus welchem dadurch kohlenwasserstoffhaltige Zwischenprodukte entstehen (vgl. Wang und Tao (2015), S. 814). Schließlich werden die Zwischenprodukte in einem Separationsprozess aufgeteilt und der Zucker so in langkettige Kohlenwasserstoffe umgewandelt (vgl. ebd.; Garcia-Perez et al. (2021), S. 8). Als letzter Schritt erfolgt eine Destillation zu den Endprodukten SAF, Diesel und Naphtha (vgl. Garcia-Perez et al. (2021), S. 7). Die größte Herausforderung, insb. bei der Nutzung von Lignocellulose als Rohstoff, liegt momentan in der geringen Prozesseffizienz, aufgrund der hohen Komplexität des gesamten Prozesses und dem hohen Energieverbrauch, wodurch dieser Produktionsprozess für SAF der teuerste von allen aktuell verfügbaren Prozessen ist (vgl. Bauen et al. (2020), S. 267). In Abbildung 4 ist der Prozessablauf des DSHC-Prozesses in einer schematischen Übersicht dargestellt.

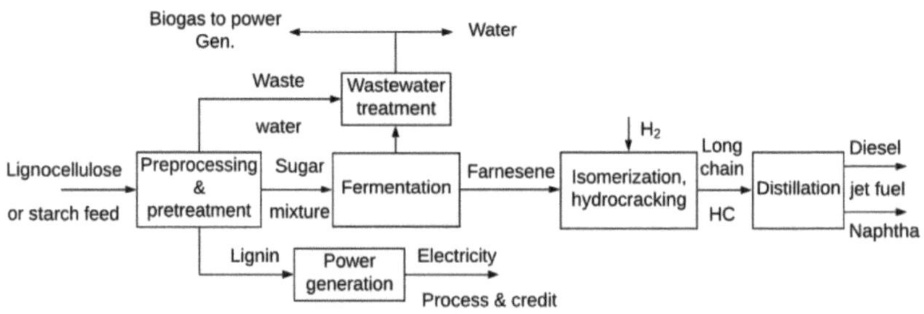

Abbildung 4: Schematische Darstellung des DSHC-Prozessablaufes (Garcia-Perez et al. (2021), S.7)

3.5.   Alcohol-To-Jet (ATJ)

Der ATJ-Prozess gehört zu den biochemischen Herstellungsprozessen für die Produktion von SAF, im Rahmen welchem Ethanol in nachhaltige Kraftstoffe für die Luftfahrt umgewandelt werden (vgl. Springer (2018), S. 30). Als Rohstoffe können hier sowohl zucker- und stärkehaltige Pflanzen als auch lignocellulosehaltige Abfälle und Reste benutzt werden, welche zunächst in das benötigte Ethanol umgewandelt werden (vgl. ebd.). Um aus diesen Rohstoffen Ethanol zu erhalten, bedarf es einer Fermentation selbiger (vgl. Bauen et al. (2020), S. 266). Andere Ausgangsstoffe, welche für die SAF-Produktion herangezogen werden können, sind u.a. Iso-Butanol, Aceton-Butanol-Ethanol (ABE) oder auch ein Gemisch aus verschiedenen Alkoholen (vgl. Garcia-Perez et al. (2021), S. 7). Zu Beginn erfolgt eine katalytische Dehydrierung des Ethanols, welches dadurch in Ethylen umgewandelt wird (vgl. Wang und Tao (2015), S. 807). Im Anschluss durchläuft das dehydrierte Ethylen schließlich den Prozess der Oligomerisation, wodurch das Ethylen in langkettige Olefine umgewandelt wird (vgl. Garcia-Perez et al. (2021), S. 7). In industriellen Maßstäben erfolgt eine entsprechende Oligomerisation bei einer Temperatur von 250°C und einem Druck von 250 bar (vgl. Wang und Tao (2015), S. 807). Schließlich erfolgt eine Hydrierung mittels Wasserstoffbehandlung, im Rahmen welcher die Olefine in langkettige, gesättigte Kohlenwasserstoffe umgewandelt und im Anschluss in den Prozess der Destillation eingeleitet werden (vgl. Garcia-Perez et al. (2021), S. 7f.). Die aus der Destillation resultierenden Produkte umfassen neben SAF auch Diesel und Naphtha (vgl. ebd.). Generell bietet ATJ den Vorteil, dass Alkohol bzw. Ethanol aus verschiedenen Quellen stammend genutzt werden kann und sich die Produktionsstätte zugleich nicht in unmittelbarer Nähe einer Produktionsstätte für Alkohol bzw. alkoholische Getränke befinden muss (vgl. Bauen et al. (2020), S. 266). Ebenso stellen die Aspekte des Transportes und der Lagerung bei Ethanol kein Problem dar (vgl. ebd.). Nachteile sind hierbei allerdings recht hohe Kosten, die mit der Produktion von SAF mittels dieses Prozesses verbunden sind (vgl. ebd.). In der nachstehenden Abbildung 5 ist der Prozessablauf des DSHC-Prozesses schematisch dargestellt.

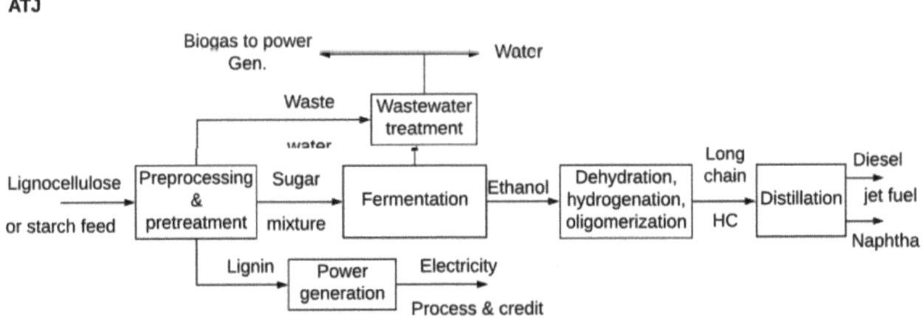

Abbildung 5: Schematische Darstellung des ATJ-Prozessablaufes (Garcia-Perez et al. (2021), S. 7)

4. SAF-Sorten – Ökonomische & Ökologische Analyse

Nachdem die für die Produktion notwendigen Prozesse beschrieben wurden, erfolgen nun zwei Analysen: eine ökonomische Analyse, mittels welcher die vsl. Verkaufspreise in den Kontext von konventionellem Jet-A-Treibstoff gesetzt und analysiert werden, wie auch eine ökologische Analyse, mittels welcher die im Verbrennungsprozess verursachten CO_2-Emissionen präsentiert und ebenfalls in den Kontext der CO_2-Emissionen von konventionellem Jet-A-Treibstoff gesetzt und analysiert werden. Abschließend erfolgt noch ein Vergleich darüber, welche der aktuell verfügbaren SAF-Sorten das höchste Einsparpotential an CO_2 bietet und welche den geringsten Preis, wobei die jeweiligen Preise ins Verhältnis zur CO_2-Einsparung gesetzt werden. Zunächst erfolgt eine ökonomische Analyse der einzelnen SAF-Sorten aus Kapitel 3.

4.1. <u>Techno-Ökonomische Analyse von SAF</u>

Generell ist SAF teurer als konventioneller Jet-A-Treibstoff, sodass keine der in Kapitel 3 beschriebenen Sorten/Prozesse zurzeit ggü. dem fossilen Gegenstück wettbewerbsfähig ist (vgl. Capaz et al. (2020), S. 509). So liegt die preisliche Spannweite von SAF zwischen 26,7 – 44,6 $/GJ, während im Zeitraum von 2017 – 2019 der Preis für konventionelles Kerosin in Brasilien 15,8 $/GJ betrug (vgl. ebd.). Für diesen Zeitraum beträgt die Differenz zwischen SAF und seinem fossilen Gegenstück 10,9 – 28,8 $/GJ bzw. 68,99 – 182,28 % relativen Preisanstiegs. Umgerechnet handelt es sich um eine Preisspanne von ca. 163,40 – 272,51 $/BBL vs. 96,54 $/BBL bzw. 1,03 – 1,71 $/L vs. 0,61 $/L.[1] International schwankte der Spotpreis für Kerosin im Zeitraum von Januar 2017 bis Dezember 2019 zwischen 0,40 – 0,50 $/L (1,51 – 1,89 $/gal)[2], bei einem Durchschnitt von (vgl. Index Mundi (2022)). Von Januar bis Juni 2022, um aktuellere Werte heranzuziehen, lag der Preis zwischen 0,65 – 1,09 $/L (2,45 – 4,12 $/gal) (vgl. ebd.). Hierbei ergeben sich Differenzen zwischen 0,53 – 1,31 $/L für den Zeitraum 2017 bis 2019 bzw. zwischen -0,06 – 1,06 $/L für das erste Halbjahr 2022. Die Berechnung dieser Werte erfolgte mittels folgender Formel, mit dem Hintergrund die unterschiedlichen Einheiten zu vereinheitlichen, um eine bessere Vergleichbarkeit zu gewährleisten:

$$Preis\frac{\$}{GJ} \times 6,12\frac{GJ}{BBL} = Preis\frac{\$}{BBL} \quad ; \quad Preis\ \$/L = \frac{Preis\ \$/BBL}{158,99\ L/BBL}$$

Eine detailliertere Übersicht über die in diesem Unterkapitel herangezogene Datenbasis, findet sich in Tabelle 1, am Ende dieses Unterkapitels.

Bereits Garcia-Perez et al. (2021, 28) haben festgestellt, dass der HEFA-Prozess und sein Produkt HEFA-SPK am ehesten wettbewerbsfähig sein werden. Dennoch sind auch für diese SAF-Sorte Preise zwischen 0,39 und 1,12 $/L zu entrichten, abhängig vom verwendeten Rohstoff (vgl. Garcia-Perez et al. (2021), S. 16; Saville et al. (2016), S. 405f.). Nach Garcia-Perez et al. (2020, 16) betragen die Verkaufspreise mittels des HEFA-Prozesses produzierte SAFs zwischen 0,88 $/L für mit Fettabfällen produzierte SAFs und 1,12 $/L für SAFs, die mit Sojaöl produziert wurden. Der Einsatz von UCO und Pflanzenölen aus äthiopischem Senf und Leindotter resultiert in ähnlichen Ergebnissen. Saville et al. (2016, S. 405f.) kommen für diese Rohstoffe auf Preise von 0,74 $/L für den Einsatz von äthiopischem Senf (Carinata), 0,69 $/L bei der Nutzung von Leindotter (Camelina) als Rohstoff und 0,74 $/L für die Nutzung von UCO in der SAF-Produktion. Ebenso haben auch Capaz et al. (2020, 511) ähnliche Ergebnisse für den Einsatz unterschiedliche Rohstoffe erhalten und geben folgende Preise für SAF aus dem HEFA-Prozess an: 1,03 $/L (UCO), 1,33 $/L (Fettabfälle und Palmöl) und 1,40 $/L (Sojaöl). Ebenso haben allerdings auch die im Rahmen der Produktionsprozesse entstehenden Nebenprodukte einen signifikanten Einfluss auf den Verkaufspreis von SAF (vgl. Garcia-Perez et al. (2021), S. 16; Saville et al. (2016), S. 405f.). So geben Saville et al. (2016, 405f.) den Verkaufspreis von aus Leindotter hergestelltem SAF mit 0,39 $/L und 0,44 $/L für SAF aus äthiopischem Senf an, wenn die dabei entstehenden Nebenprodukte mit verkauft werden. Bei allen dreien handelt es sich jeweils um Break-even-Preise (vgl. ebd.). Eine Break-even-Preis-Analyse haben auch Alam et al. (2021) durchgeführt und dabei einen ähnlichen Verlauf bei aus äthiopischem Senf hergestellten SAF festgestellt. Die Ergebnisse dieser Analyse stellten eine Preisspanne -0,66 – 1,28 $/L fest, abhängig von den variablen Kosten, Erlösen aus dem

---

[1] Die hierfür notwendigen Rechen-/Datengrundlagen wurden durch TranslatorsCafe.com (01.02.2017) und Smart-Rechner.de (06.05.2022) gestellt und in das Rechenverfahren übernommen.

[2] 1 US-Gallone (US.liq.gal.) entspricht ca. 3,79 L, durch dessen Faktor die Preise pro Gallone dividiert wurden, um den Literpreis zu berechnen (Datenbasis: Conversion-Metric (2022))

Verkauf von Nebenprodukten und RIN credits[3] (vgl. ebd.). So sind bei niedrigen variablen Kosten, hohen RIN credits und hohen Erlösen aus dem Verkauf der Nebenprodukte, tatsächlich auch negative Preise möglich, was zugleich das optimistischste Szenario in deren Studie darstellt (vgl. ebd.). Das wahrscheinlichste Szenario besteht laut Alam et al. (2021, 1807) in einer Kombination aus hohen variablen Kosten, niedrigen Erlösen aus dem Verkauf der Nebenprodukte und ebenfalls niedrigen RIN credits, was in einem Verkaufspreis von SAF i.H.v. 0,86 $/L resultiert.

Da der CH-Prozess identisch Rohstoffe wie der HEFA-Prozess benötigt, könnten an sich ähnliche Preise für diese SAF-Sorte angenommen werden (vgl. Wang und Tao (2016), S. 810). Überraschenderweise haben Nguyen und Tyner (2021, 99) zunächst eine Wahrscheinlichkeit von 100% ermittelt, mit der, ohne RIN credits und Emissionshandel, ein solches Projekt in einem Verlustgeschäft resultiert. Für das Projekt, im Rahmen dessen der CH-Prozess zur SAF-Produktion umgesetzt wurde, wurde ein nominaler Abzinsungsfaktor von 12% angenommen (vgl. Nguyen und Tyner (2021), S. 93). Mit mehreren Simulationen wurde allerdings ein durchschnittlicher Break-Even-Price von 1,20 $/L (4,72 $/gal) ermittelt, was sich preislich in einem ähnlichen Rahmen bewegt, wie die SAF-Sorten aus dem HEFA-Prozess (vgl. Nguyen und Tyner, (2021,) S. 101). Auf diese Weise besteht eine 50:50-Chance, durch den Verkauf des Kraftstoffes entweder Profit oder Verlust zu erzielen und das Risiko erheblich zu reduzieren (vgl. ebd.). Durch die Bereitstellung bzw. Nutzung von RIN credits, besteht allerdings die Möglichkeit den Break-Even-Preis auf 0,90 $/L (3,41 $/gal) zu reduzieren (vgl. ebd.). Gleichzeitig würden die RIN credits auch, neben dem Emissionshandel, zu einer weiteren signifikanten Reduktion des Verlustrisikos auf 21% beitragen (vgl. Nguyen und Tyner (2021), S. 99).

Bei über den ATJ-Prozess hergestelltes SAF werden durch die Analysen von Garcia-Perez et al. (2021, 16) und Diedrichs et al. (2016, 337) ebenfalls rohstoffabhängige Trends ersichtlich. So schwankt der Preis zwischen 2,31 – 2,42 $/L bei der Nutzung von Mais bzw. Holzspäne und 3,11 – 4,29 $/L (2,54 – 3,43 $/kg)[4] bei der Nutzung von Zucker bzw. Lignocellulose (vgl. ebd.). Rohstoffabhängige Preise wurden ebenfalls von Capaz et al. (2020, S.511) bei ATJ-Prozess festgestellt: So wurden 1,30 $/L (33,7 $/GJ) für SAF aus dem Rohstoff Zucker ermittelt, während 1,58 $/L (41,1 $/GJ) bzw. 1,72 $/L (44,6 $/GJ) für Nutzung von Zuckerrohr- bzw. Forstabfällen als Rohstoff zur SAF-Produktion als Verkaufspreise zu veranschlagen sind.

Für den FT-Prozess lässt sich nach Diedrichs et al. (2016, 337) ein Preis von 3,05 $/L (2,44 $/kg) feststellen. Capaz et al. (2020, S.511) veranschlagen hier ca. 1,60 $/L (41,5 $/GJ), bei der Nutzung von Forstabfällen als Rohstoff. Laut Garcia-Perez et al. (2021, 16) liegt der Verkaufspreis von SAF zwischen 1,94 – 2,79 $/L, abhängig davon, ob Mais bzw. Holzspäne aus Kieferholz als Ausgangsrohstoff für die Produktion verwendet wurde. Eine weitere Kalkulation von Wang und Tao (2015, 812) hat einen Verkaufspreis zwischen 1,19 $/L (4,50 $/GGE) und 1,32 $/L (5 $/GGE) ergeben.[5]

Die Verkaufspreise für SAF, welches mit dem DSHC-Prozess produziert wurde, unterliegt ebenfalls rohstoffpreisbasierten Schwankungen, welche in einer preislichen Spannweite von 3,61 – 3,86 $/L als Verkaufspreis für SAF resultiert, wobei auch hier ausschlaggebend war, ob Mais oder Holzspäne für die Produktion als Rohstoff genutzt wurden (vgl. Garcia-Perez et al. (2021, 16). Wang und Tao (2015, 817) geben als Verkaufspreis für mittels des DSHC-Prozesses produziertes SAF einen Wert von 1,89 $/L (7,16 $/gal) an. Allerdings wird von beiden Autoren auf das Potential der Kostensenkung hingewiesen, welches in einer Senkung des Preises auf 1,06 $/L (4 $/gal) resultiert, sobald sich der Markt und auch die Technologie weiterentwickelt haben (vgl. ebd.).

Durch die verschiedenen Autoren wurden ebenso unterschiedliche Werte für die einzelnen SAF-Sorten ermittelt, welche teilweise unterschiedliche Ursachen haben. So haben Saville et

---

[3] RIN credits werden in Kapitel 5 „Beiträge der Politik" genauer erläutert.

[4] Zur Vereinheitlichung erfolgte auch hier eine Umrechnung von kg in l. Die kg-Preise wurde durch 0,8 (kg/l) dividiert (Thomas Oswald aeroware.at (o.J.)).

[5] GGE = Gallon of gasoline equivalent: 1 Gallone entspricht ca. 3,79 Liter, ein Wert, durch welchen die GGE-Preise dividiert wurden zur Vereinheitlichung (Datenbasis: Conversion-Metric (2022))

al. (2016, 405f.) eine Studie basierend auf einem IRR (Internal Rate of Return; Interner zinsfuß) von 15% und Rohstoffpreise von 325$ (Leindotter) bzw. 335$ (äthiopischer Senf, UCO) angenommen. Ebenso wurden durch Alam et al. (2021, S. 1806f.) unterschiedliche Annahmen bzgl. variabler Kosten, RIN credits und Erlöse aus dem Verkauf von Nebenprodukten getroffen. Auch muss an dieser Stelle darauf hingewiesen werden, dass die herangezogene Literatur teilweise unterschiedliche Erscheinungsjahre aufweist, was ebenfalls ein Grund für die unterschiedlichen Aussagen zu den Preisen sein kann. Es gibt daher starke Schwankungen zwischen den o.g. Werten, weshalb die Ermittlung eines Durchschnittspreises pro SAF-Sorte hier als sinnvoll angesehen wird. Auf Basis der für diese Analyse verwendeten Datengrundlage, können folgende Durchschnittspreise für die einzelnen SAF-Sorten errechnet werden:

- HEFA: 0,79 $/L, mit einer Spannweite von 0,39 $/L (niedrigster Preis) bis 1,40 $/L (höchster Preis);
- CH: 0,90 – 1,20 $/L (Break-even-Preis mit RIN credits bzw. Durchschnittlicher Break-even-Preis ohne RIN credits);
- ATJ: 2,39 $/L, mit einer Spannweite von 1,30 $/L (niedrigster Preis) bis 4,29 $/L (höchster Preis);
- FT(-SPK/SKA): 1,98 $/L, mit einer Spannweite von 1,19 $/L (niedrigster Preis) bis 3,05 $/L (höchster Preis);
- DSHC: 2,61 $/L, mit einer Spannweite von 1,06 $/L (niedrigster Preis) bis 3,86 $/L (höchster Preis) > teuerster aller SAF-Produktionsprozesse.

SAF-Sorte	Verkaufspreis	Anmerkungen	Referenz
HEFA	1.190 $/Mg (0,88 $/L)	Gelbes Fett als Rohstoff; Rohstoffpreis: 610 $/Mg	Garcia-Perez et al. (2021)
	1.446 $/Mg (1,12 $/L)	Sojaöl als Rohstoff; Rohstoffpreis: 790 $/Mg	Garcia-Perez et al. (2021)
	0,74$/L bzw. 0,44$/L	Break-even-price: IRR=15%, 335$/t Rohstoffpreis für äthiopischen Senf (Carinata) bzw. Verkauf von Nebenprodukten	Saville et al. (2016)
	0,69$/L bzw. 0,39$/L	Break-even-price: IRR=15%, 325$/t Rohstoffpreis für Leindotter (Camelina) bzw. Verkauf von Nebenprodukten	Saville et al. (2016)
	0,74$/L; 26,7 $/GJ (1,03 $/L)	Break-even-price: IRR=15%, 335$/t Rohstoffpreis für UCO; keine	Saville et al. (2016); Capaz et al. (2020)
	34,5 $/GJ (1,33 $/L)	Fettabfälle, Palmöl	Capaz et al. (2020)
	36,4 $/GJ (1,40 $/L)	Sojaöl	Capaz et al. (2020)
	1,28$/L	Break-even-Preis: Hohe variable Kosten, keine Erlöse aus Nebenprodukten, keine RIN credits Höchstpreis	Alam et al. (2021)
	-0,66&/L	Break-even-Preis: Niedrige variable Kosten, hohe Erlöse aus Nebenprodukten, hohe RIN credits -> optimistischstes Szenario	Alam et al. (2021)
	0,86$/L	Break-even-Preis: hohe variable Kosten, niedrige Erlöse aus Nebenprodukten,	Alam et al. (2021)

		niedrige RIN credits -> wahrscheinlichstes Szenario	
CH	4,72 $/gal (1,20 $/L)	Durchschnittlicher Break-even-Preis ohne RIN credits	Nguyen und Tyner (2021)
	3,41 $/gal (0,90 $/L)	Break-even-Preis mit RIN credits	Nguyen und Tyner (2021)
ATJ	2,54$/kg (3,11 $/L)	Zucker als Rohstoff,	Diedrichs et al. (2016)
	3,43$/kg (4,29 $/L)	Lignocellulose als Rohstoff	Diedrichs et al. (2016)
	2.793 $/Mg (2,31 $/L)	Mais als Rohstoff; Rohstoffpreis: 70 $/Mg (metrische Tonne, getrocknet)	Garcia-Perez et al. (2021)
	2.862 $/Mg (2,42 $/L)	Kiefernholzspäne als Rohstoff; Rohstoffpreis: 65 $/Mg (getrocknet)	Garcia-Perez et al. (2021)
	33,7 $/GJ (1,30 $/L)	Zuckerrohr	Capaz et al. (2020)
	41,1 – 44,6 $/GJ (1,58 – 1,72 $/L)	Zuckerrohr- bzw. Forstabfälle	Capaz et al. (2020)
FT(-SPK/SKA)	41,5 $/GJ (1,60 $/L)	Lignocellulosehaltige Abfälle	Capaz et al. (2020)
	2,44$/kg (3,05 $/L)		Diedrichs et al. (2016)
	2.146 $/Mg (1,94 $/L)	Mais als Rohstoff; Rohstoffpreis: 70 $/Mg (metrische Tonne, getrocknet)	Garcia-Perez et al. (2021)
	2.968 $/Mg (2,79 $/L)	Kiefernholzspäne als Rohstoff; Rohstoffpreis: 65 $/Mg (getrocknet)	Garcia-Perez et al. (2021)
	4,50 $/GGE – 5 $/GGE (1,19 – 1,32 $/L)	Dollar-Kurs 2011; hohe bzw. niedrige Temperatur	Wang und Tao (2015)
	41,5 $/GJ (1,60 $/L)	Forstabfällen als Rohstoff	Capaz et al. (2020)
DSHC	4.689 $/Mg (3,61 $/L)	Mais als Rohstoff; Rohstoffpreis: 70 $/Mg (metrische Tonne, getrocknet)	Garcia-Perez et al. (2021)
	4.967 $/Mg (3,86 $/L)	Kiefernholzspäne als Rohstoff; Rohstoffpreis: 65 $/Mg (getrocknet)	Garcia-Perez et al. (2021)
	7,16 $/gal (1,89 $/L) (bzw. 4 $/gal (1,06 $/L)	Dollar-Kurs 2011; (Kostensenkung möglich)	Wang und Tao (2015)

Tabelle 1: Preisübersicht verschiedener SAF-Sorten

4.2. Techno-Ökologische Analyse von SAF

Wie in der Einleitung bereits erwähnt, verspricht die Nutzung von SAF im regulären Flugbetrieb, eine Treibhausgaseinsparung von ca. 80%. Wie auch, im Rahmen der techno-ökonomischen Analyse, beim Preis bereits festgestellt, gibt es auch bei den bei den Treibhausgasemissionen und den Einsparpotentialen zwischen den einzelnen SAF-Sorten Unterschiede, welche im Folgenden genauer beschrieben und erläutert werden. Zugleich müssen den Emissionseinsparungen im Flugbetrieb auch die durch die Produktion verursachten berücksichtigt und miteinander in einen Kontext gesetzt werden. Es wurde dabei die Einheit ‚g CO_{2e}/MJ' zur Vereinheitlichung/Vereinfachung genutzt, da dies in der für diese Arbeit herangezogene Literaturbasis die hauptsächlich verwendete Einheit für den Treibshausgasausstoß der verschiedenen SAF-Sorten war. Sämtliche Werte wurden jeweils im Rahmen eines Life Cycle Assessment (LCA) in den jeweiligen Studien ermittelt. Eine übersichtliche Darstellung über die herangezogene Datenbasis, findet sich in Tabelle 2, am Ende dieses Unterkapitels.

Bei der aus dem HEFA-Prozess stammenden SAF-Sorte können, ähnlich dem Einfluss auf die Kosten und damit den Preis, genutzte Rohstoffe als ein Einflussfaktor ausgemacht werden: So wird durch Saville et al. (2016, 406) ein durchschnittlicher Treibhausgasausstoß von 22,4 g CO_{2e}/MJ über den gesamten Lebenszyklus angegeben, was, im Vergleich zu fossilen Kraftstoffen, einer Reduktion von 75% entspricht, während Wang und Tao (2015, 810) auf eine Bandbreite an Werten von 26,7 – 77,43 g CO_{2e}/MJ bzw. 40 – 80% (im Vergleich zu 89 g CO_{2e}/MJ für fossiles Kerosin) kommen. Dabei werden die niedrigsten Werte durch die Nutzung von Palmöl erzielt, welche einen LCA-Treibhausgasausstoß von 26,7 – 35,6 g CO_{2e}/MJ verursachen, während der höchste LCA-Treibhausgasausstoß durch die Nutzung von Rapsöl als Rohstoff mit 40,05 – 77,43 g CO_{2e}/MJ erzielt wird (vgl. Wang und Tao (2015), S. 810). Die weiteren untersuchten Rohstoffe Soja-, Salicornia- und Jatrophaöl verursachen während ihres Lebenszyklus Emissionen mit einer Spannweite von 35,60 – 53,4 g CO_{2e}/MJ, 31,15 – 67,64 g CO_{2e}/MJ bzw. 40 g CO_{2e}/MJ (vgl. ebd.). Im Falle von Saville et al. (2016) wurden UCO, Leindotter und äthiopischer Senf als Rohstoffe herangezogen. Capaz et al. (2020, 508) haben in ihrer Studie gelbes Fett, UCO, Palm- und Sojaöl als Rohstoffe herangezogen und deren lebenszyklusbasierten Treibhausgaswerte untersucht. Sie kamen dabei auf ein Ergebnis von 17,2 g CO_{2e}/MJ (17,2 kg CO_{2e}/GJ) für mittels HEFA produzierten SAF aus UCO, während SAF aus gelbem Fett mit 18,5 g CO_{2e}/MJ (18,5 kg CO_{2e}/GJ) zu Buche schlägt und somit knapp hinter UCO liegt (vgl. Capaz et al. (2020), S. 508). Beide Werte sind zugleich die niedrigsten in deren Studie: Palm- und Sojaöl erreichen LCA-Werte von 34,4 bzw. 42,9 g CO_{2e}/MJ (34,4 bzw. 42,9 kg CO_{2e}/GJ) (vgl. ebd.).

Die SAF-Sorten aus dem ATJ-Prozess weisen laut Capaz et al. (2020, 508) eine Spannweite bei den Treibhausgasemissionen von 24,8 – 36 g CO_{2e}/MJ (24,8 – 36 kg CO_{2e}/GJ) auf. Der niedrigste Wert wird dabei von der Prozessvariante erzielt, welche für die Prozessdurchführung Stahlabgase nutzen, erreicht, während der höchste Wert auf den Rohstoff Zuckerrohr entfallen (vgl. ebd.). Die Nutzung von Forst- oder Zuckerrohrabfällen als Produktionsrohstoffe landet wiederum im Mittelfeld (mit Tendenz zum niedrigsten Wert) und verursachen während ihres gesamten Lebenszyklus Treibhausgasemissionen i.H.v. 27,4 – 27,6 g CO_{2e}/MJ (27,4 – 27,6 kg CO_{2e}/GJ) (vgl. ebd.).

Das Emissionseinsparpotential von SAF aus dem FT-Prozess ist sehr hoch: So gehen Wang und Tao (2016, 812) davon aus, dass rund 92 – 95% weniger Treibhausgasemissionen durch die Nutzung von SAF aus dem FT-Prozess verursacht werden als bei der Nutzung von fossilem Kerosin. Während des gesamten Lebenszyklus zeigt diese SAF-Sorte ebenfalls rohstoffabhängige Schwankungen. So werden bei Nutzung von Zuckerrohr als Rohstoff über den gesamten Lebenszyklus hinweg Treibhausgasemissionen i.H.v. 3,9 g CO_{2e}/MJ (3,9 kg CO_{2e}/GJ) verursacht (vgl. Capaz et al. (2020), S. 508). Bei der Umstellung des Rohstoffes auf Forstabfälle wiederum, entstehen rund 2,4 g CO_{2e}/MJ (2,4 kg CO_{2e}/GJ) an Emissionen (vgl. ebd.). Wang und Tao (2016, 813) haben im Rahmen ihrer Untersuchung neben Forstabfällen auch die Rohstoffe Mais und Rutenhirse herangezogen und sind bzgl. Treibhausgasemissionen auf Werte von 12,2 bzw. 9,0 bzw. -2,0 g CO_{2e}/MJ gekommen, wobei für Rutenhirse sog. Soil-carbon change credits für die durch Landnutzungsänderung verursachten Emissionen herangezogen wurden. Ohne diese Kompensation würden die Treibhausgasemissionen 11,9 – 26 g CO_{2e}/MJ betragen (vgl. ebd.).

Für SAF aus dem DSHC-Prozess sind Wang und Tao (2016, 817) auf einen Wert von 15 g CO_{2e}/MJ für den gesamten Lebenszyklus gekommen, was einer Reduktion von Treibhausgasen von 82%, im Gegensatz zu fossilem Kerosin entspricht.

Für einen passenden Vergleich fehlt für mittels dem CH-Prozess produziertes SAF leider eine ausreichende Datenbasis, um einen aussagekräftigen Absatz hierfür zu erstellen, weshalb bzgl. des Emissionsvergleiches diese Sorte außen vorgelassen werden muss. Die Gründe hierfür können vielfältig sein und liegen im Rahmen von Spekulationen, was nicht Bestandteil dieser Arbeit ist. Evtl. stehen, ähnlich wie die technisch-ökonomische Analyse von Nguyen und Tyner aus dem Jahr 2021, demnächst entsprechende Studien mit aussagekräftigen Daten zur Verfügung.

Ähnlich wie beim letzten Unterkapitel gibt es auch hier unterschiedliche Angaben über die verursachten Treibhausgasemissionen. Der Autor dieser Arbeit sieht es daher ebenfalls als angemessen und sinnvoll an, auch für diese Werte, Durchschnittswerte zu ermitteln, um eine bessere Übersicht für Vergleichszwecke zu schaffen. Entsprechend ergeben sich im Durchschnitt folgende Werte für durch die einzelnen SAF-Sorten verursachten Treibhausgasemissionen:

- HEFA: 38,78 g CO_{2e}/MJ;
- ATJ: 28,95 g CO_{2e}/MJ;
- FT(-SPK/SKA): 9,06 g CO_{2e}/MJ (teils inkl. Emissionen aus Landnutzungsänderung);
- DSHC: 15 g CO_{2e}/MJ;
- CH: k. A.

Sämtliche Werte beinhalten, sofern nicht anders vermerkt, keine Emissionen, welche durch die Landnutzungsänderung, sofern notwendig für den Rohstoffanbau, entstehen können, sondern beziehen sich ausschließlich auf die Produktion in den jeweils dafür ausgestatteten Raffinerien, inkl. Transport, bis hin zum Verbrauch beim Verbrennungsprozess in den Triebwerken.

SAF-Sorte	Emissionen	Anmerkungen	Referenz
HEFA	18,5 kg CO_{2e}/GJ (18,5 g CO_{2e}/MJ)	Gelbes Fett als Rohstoff	Capaz et al. (2020)
	17,2 kg CO_{2e}/GJ (17,2 g CO_{2e}/MJ)	Gebrauchtes Bratöl als Rohstoff	Capaz et al. (2020)
	34,4 kg CO_{2e}/GJ (34,4 g CO_{2e}/MJ)	Palmöl als Rohstoff	Capaz et al. (2020)
	42,9 kg CO_{2e}/GJ (42,9 g CO_{2e}/MJ)	Sojaöl als Rohstoff	Capaz et al. (2020)
	22,4 g CO_2 equivalent/MJ; 2,2 kg CO_2 equivalent/L (75%) Emissionsreduktion		Saville et al. (2016)
	35,60 gCO_2e/MJ – 53,4 gCO_2e/MJ	Rohstoff: Sojaöl, ohne Landnutzungsänderung	Wang und Tao (2015)
	26,7 gCO_2e/MJ – 35,6 gCO_2e/MJ	Rohstoff: Palmöl, ohne Landnutzungsänderung	Wang und Tao (2015)
	40,05 gCO_2e/MJ – 77,43 gCO_2e/MJ	Rohstoff: Rapsöl, ohne Landnutzungsänderung	Wang und Tao (2015)

	40 gCO$_2$e/MJ	Rohstoff: Jatrophaöl, ohne Landnutzungsänderung	Wang und Tao (2015)
	31,15 gCO$_2$e/MJ – 67,64 gCO$_2$e/MJ	Rohstoff: Salicorniaöl, ohne Landnutzungsänderung	Wang und Tao (2015)
ATJ	24,8 kg CO$_{2e}$/GJ (24,8 g CO$_{2e}$/MJ)	Stahlabgase	Capaz et al. (2020)
	27,4 – 27,6 kg CO$_{2e}$/GJ (27,4 – 27,6 g CO$_{2e}$/MJ)	Zuckerrohr	Capaz et al. (2020)
	36 kg CO$_{2e}$/GJ (36 g CO$_{2e}$/MJ)	Zuckerrohr- bzw. Forstabfälle	Capaz et al. (2020)
FT(-SPK/SKA)	3,9 kg CO$_{2e}$/GJ (3,9 g CO$_{2e}$/MJ)	Zuckerrohr als Rohstoff	Capaz et al. (2020)
	2,4 kg CO$_{2e}$/GJ (2,4 g CO$_{2e}$/MJ)	Forstabfälle als Rohstoff	Capaz et al. (2020)
	12,2 gCO$_2$e/MJ	Forstabfälle als Rohstoff	Wang und Tao (2015)
	9,0 gCO$_2$e/MJ	Mais als Rohstoff	Wang und Tao (2015)
	- 2 gCO$_2$e/MJ (mit soil-carbon sequestration), 11,9 – 26 gCO$_2$e/MJ (ohne soil-carbon sequestration),	Rutenhirse als Rohstoff	Wang und Tao (2015)
DSHC	15 gCO$_2$e/MJ (82%ige Reduktion)	Rohstoff: Zuckerrohr, ohne Landnutzungsänderung	Wang und Tao (2015)

Tabelle 2: LCA-Emissionen der unterschiedlichen SAF-Sorten

5. __Politische Beiträge zur Entwicklung von SAF__

Nachdem nun die einzelnen SAF-Sorten sowohl aus ökonomischer als auch aus ökologischer Sicht betrachtet worden sind, sollen im Rahmen dieses Kapitels die möglichen politischen Beiträge durchleuchtet werden, die zu der generellen (Fort-)Entwicklung von SAF und ihren Produktionsprozessen beitragen können. Im Juli 2021 wurde eine Überarbeitung der EU-weiten Energy Taxation Directive (ETD) angekündigt, welche auch den Luftfahrtsektor erfassen sollte, welcher bisher von einer solchen Steuer ausgenommen war (vgl. Europäische Kommission (2021), S. 1). Laut der Europäischen Kommission werde so, ohne eine Änderung, die falschen Anreize gesetzt, welchem durch die Revision vorgebeugt werden soll (vgl. ebd.). Die Aviation Initiative for Renewable Energy in Germany e.V. (aireg e.V.) (2021, 4) hat diesbezüglich allerdings bereits Kritik an der Revision geäußert, da aus ihrer Sicht auch die SAF-Beimischungen, welche aktuell bis zu 50% maximal erlaubt sind, ebenfalls mit besteuert werden würden. Auch Bräuning et al. (2008, 58) nennen als einen möglichen Anreiz eher Steuererleichterungen für die Nutzung von SAF. Von der aireg e.V. werden stattdessen andere Anreize und Instrumente, zur Erreichung der Emissions- und Nachhaltigkeitsziele gefordert, auf welche im Folgenden genauer eingegangen wird.

Die bislang auf 50% begrenzte Beimischungsquote, wird durch die aireg e.V. (2021, 3) als ein äußerst sinnvolles Instrument angesehen, welches auch weiterhin genutzt und erweitert werden sollte. Neben einer weiteren Reduktion der durch die Luftfahrt verursachten Emissionen, nennt aireg e.V. (2021, 3) dieses Instrument als eine gute Möglichkeit, um den Markthochlauf von SAF zu fördern. Diesbezüglich soll auch die Entwicklung der bislang eingeschränkten Kapazitäten kein Problem darstellen (vgl. ebd.). Ebenso sind beschleunigte Genehmigungsverfahren für die zur SAF-Produktion notwendigen Anlagen ein wichtiges Instrument, um den Markthochlauf von SAF zu fördern (vgl. ebd.). Ein Book-and-Claim-Ansatz wird von aireg e.V.

(2021, 3) als eine Möglichkeit betrachtet, um die Kosten für SAF zu senken und somit die Akzeptanz zu steigern: Zum einen können Produzenten eine Produktionsmenge oberhalb der Beimischungsquote an andere Zulieferer verkaufen, sich allerdings aufgrund des Herkunftsnachweises diese Zusatzmenge trotzdem anrechnen lassen, wodurch die Quotenerfüllung branchenweit erleichtert wird, zum anderen werden administrative Kosten durch diese Transparenz verringert. Auch kann somit SAF in Entwicklungs- und Schwellenländern zu günstigeren Kosten hergestellt werden, während parallel die örtliche Wirtschaft unterstützt und gefördert wird (vgl. ebd.).

Ein anderer Ansatz, den aireg e.V. (2021, 3f.) nennt, ist das Handelssystem für Emissionszertifikate der EU: So soll die Anrechnung von SAF möglich sein, was mittels des oben erwähnten Book-and-Claim-Ansatzes ermöglicht werden kann. Auch die 2012 erfolgte Einbeziehung von alternativen Anreizsystemen, insb. CORSIA (Carbon Offsetting and Reduction Scheme for International Aviation)[6] für die Luftfahrt, in das Emissionshandelssystem der EU ist ein weiterer Schritt die Nutzung von SAF für Fluglinien attraktiv zu gestalten und somit starke Anreize zu schaffen (vgl. ebd., Bauen et al. (2020), S. 263). Auch in Ländern wie Neuseeland ist der nationale Luftverkehr in das nationale Emissionshandelssystem inkludiert (vgl. Bauen et al. (2020), S. 263). Allerdings wird durch aireg e.V. (2021, 1) angemerkt, dass ein höherer Zertifikatspreis die hohen Kosten und damit einhergehenden Preise, nicht ausgleichen kann. Stattdessen sollten die Erlöse aus dem Zertifikatehandel für die finanzielle Unterstützung von SAF-Produzenten und Nutzern genutzt werden, um so den hohen Kosten bzw. Preisen entgegenzuwirken (aireg e.V. (2021), S. 3f.). Eine Umsetzung könnte hierbei mittels Kohlenstoff-Differenzverträgen erfolgen (vgl. ebd.).

Neben der Unterstützung der Fortentwicklung und des Markthochlaufes von SAF durch zuletzt genannte bzw. beschriebenen Möglichkeiten (Emissionshandelssystem, Zulassungsverfahren), werden durch aireg e.V. (2021) auch weitere Maßnahmen vorgeschlagen. Insbesondere wird dabei auf die Verfügbarkeit von zahlreichen Rohstoffoptionen hingewiesen, die für die SAF-Produktion notwendig ist, wobei den Nachhaltigkeitskriterien genüge getan werden muss (vgl. aireg e.V. (2021), S. 4). Wie in Kapitel 3 erwähnt, besteht auch die Möglichkeit Palmöl als ein Rohstoff für die SAF-Produktion zu verwenden. Dies ist zugleich allerdings ein zweischneidiges Schwert: Zum einen weist Palmöl ein recht hohes Reduktionspotential für CO_2 auf, zum anderen kann der Anbau von Palmöl bzw. Ölpalmen mit einem hohen Biodiversitätsverlust einhergehen (vgl. Bräuninger et al. (2008), S. 58). Um dies zu erreichen bzw. zu gewährleisten ist die Einführung von strikten Kriterien, insb. für die Zertifizierung notwendig (vgl. aireg e.V. (2021), S. 1). Doch auch in der Zertifizierung von SAF steckt eine Kostenfalle, aufgrund eines hohen Koordinierungsaufwands, verbunden mit hohen Transaktions- und Informationskosten, weshalb eine internationale Vereinheitlichung der Zertifizierungskriterien notwendig ist (vgl. Bräuninger et al. (2008), S. 58). Dadurch können evtl. vorhandene Informationsasymmetrien zwischen Nutzern und Produzenten von SAF vermieden oder zumindest reduziert werden (vgl. ebd.). Um insbesondere das Problem mit Zielkonflikten, insbesondere unter Nachhaltigkeitskriterien zu vermeiden, sollte bei der Auswahl und Produktion von SAF nicht ausschließlich auf das CO_2-Reduktionspotential geachtet, sondern auch andere Nachhaltigkeitskriterien/-ziele bei der Nachhaltigkeitsbewertung mit einbezogen werden, um das Nettoreduktionspotential für CO_2 zu bestimmen, wobei eine abgegrenzte Bewertung der beiden Felder, CO_2-Reduktionspotential und andere Nachhaltigkeitsziele, vorgenommen werden sollte (vgl. Bräuninger et al. (2008), S. 59). Am Ende sollte eine Zertifizierung in 2 Kategorien stehen, welcher die SAF-Sorte zugeordnet wird: CO_2-Nettoreduktionspotential und Nachhaltigkeitsklasse (vgl. Bräuninger et al. (2008), S. 60). Aus bereits erwähnten Effizienzgründen wäre eine Regelung dieses Zertifizierungsschemas im Rahmen von internationalen Abkommen oder durch internationale Organisationen sinnvoll (vgl. Bräuninger et al. (2008), S. 59). Im Rahmen staatlicher Förderung, kann ein solches Zertifizierungsschema herangezogen werden, um z.B. die

---

[6] CORSIA ist ein CO2-Kompensationsprogramm der ICAO (International Civil Aviation Organization) (weitere Infos unter: DEHSt (2017))

Mindesterfüllung von Nachhaltigkeit als Förderungsbedingung festzulegen und zu messen oder einen Nachhaltigkeitsfaktor zu bestimmen (vgl. Bräuninger et al. (2008), S. 60).

Ein anderer Anreiz kann ein Modell aus Übersee, namentlich den USA, darstellen: RIN credits, (siehe auch Kapitel 4.1). Im Rahmen des Renewable Fuel Standard Program erlassenen Renewable Fuel Mandate, dienen diese RIN credits der Nachverfolgbarkeit von nachhaltigen Kraftstoffen und um die Einhaltung des Renewable Fuel Mandates, bei der Herstellung von nachhaltigen Kraftstoffen zu gewährleisten (vgl. McKinsey Energy Insights (o. J.)). Mit jeder neuen Charge an nachhaltigen Kraftstoffen, die produziert wird, wird eine neue eindeutige RIN generiert, welche erst wirksam wird, sobald diese Charge herkömmlichen Kraftstoffen beigemischt wurde (vgl. ebd.). Im Anschluss daran, erfolgt der eigentliche wirschaftliche Anreiz: Um den entsprechend vermischten Kraftstoff in den USA absetzen zu können, müssen Raffinerien und Kraftstoffimporteure eine dazugehörige RIN beim US-amerikanischen Umweltministerium (EPA: Environmental Protection Agency) nachweisen (vgl. ebd.). Diese wird daher von dem Produzenten, welcher den nachhaltigen Kraftstoff dem fossilen Kraftstoff beimischt, käuflich erworben (vgl. ebd.). Hierbei gibt es unterschiedliche Preise, welche wiederum von der RIN-Art abhängen (vgl. ebd.). Insgesamt gibt es 4 verschiedene Arten von RINs: D6 - Renewable fuel RIN (Kraftstoff auf Maisbasis), D5 - Advanced biofuel RIN (Kraftstoff auf Zuckerrohrbasis), D4 - Biomass based diesel RIN (Kraftstoff aus Soja-, Raps-, Altöl und tierischen Fetten) und D3 - Cellulosic biofuel RIN (Kraftstoffe auf Basis von Cellulose) (vgl. ebd.). Seit dem 1. Januar 2020 gelten für sämtliche Arten von RINs eine Preisspanne von 0,05 – 3,00 $ bzw. 0,05 – 3,50 $ für D3 RINs (vgl. EPA (2022b)). Zuvor lag die Preisspanne zwischen 0,05 – 2,00 $ für D4 und D5 RINs bzw. 0,01 – 2,00 $ für D6 RINs, während die Preisspanne für D3 RINs unverändert war (vgl. ebd.). Neben dem Generieren, Kaufen und Verkaufen von RINs, gibt es als Transaktionsmöglichkeit auch das Separieren einer RIN oder selbige in den Ruhestand zu schicken (vgl. EPA (2022a)). Während in letzterem Fall eine RIN aus dem Verkehr/System gezogen wird, bedeutet eine Separierung leidglich, dass eine RIN von der Charge nachhaltiger Kraftstoffe, für welche sie vom Produzenten generiert wurde, gelöst worden ist, z.B. wenn die Charge herkömmlichem Kraftstoff beigemischt wird (vgl. ebd.). RINs können sowohl einzeln, also ohne zugehörige Charge, verkauft bzw. erworben werden, als auch mitsamt der dazugehörigen Charge (vgl. ebd.).

6. <u>Fazit und Ausblick</u>

Nachdem nun sämtliche Aspekte wirtschaftlicher, ökologischer und auch politischer, die für den Bereich der Produktion und Nutzung von SAF von Relevanz sind, kann nun ein Fazit bzgl. der in der Einleitung genannten Fragestellungen gezogen werden. Hierfür lässt der Autor die in den einzelnen Haupt- und Unterkapiteln erwähnten Daten noch einmal Revue passieren, um ein allumfassendes Bild der o.g. Aspekte zu geben, welche die Basis für das folgende Fazit bilden.

Die techno-ökonomische Analyse hat ergeben, dass SAF teurer ist als konventionelles Kerosin aus fossilen Quellen. Daher erscheint die Nutzung von SAF zum aktuellen Zeitpunkt als wirtschaftlich nicht sinnvoll. Die Preise der synthetischen Kraftstoffe schwanken allerdings auch untereinander. So weist eine SAF-Sorte nicht den gleichen Preis auf wie die andere, sondern es bestehen zwischen den einzelnen Sorten teils drastische Unterschiede. Während im ersten Halbjahr 2022 international für fossiles Kerosin ein durchschnittlicher Preis von ca. 0,87 $/L (3,29 $/gal) bei einer Preisspanne von, wie in Kapitel 3 bereits erwähnt, 0,65 – 1,09 $/L (2,45 – 4,12 $/gal) zu verzeichnen war, gab es im Zeitraum zwischen Januar 2017 und Dezember 2019 einen groben Durchschnittspreis von 0,45 $/L (1,71 $/gal), bei einer Preisspanne zwischen 0,40 – 0,50 $/L (1,51 – 1,89 $/gal). SAF ist hier im Schnitt, teils deutlich, teurer. Die durchschnittlichen Preise reichten hier von 0,78 – 2,61 $/L, wobei der niedrigste Preis bei 0,39 $/L lag und der höchste mit 4,29 $/L angegeben wurde. Anhand der Daten des Unterkapitels 4.1, kann aufgezeigt werden, dass von allen SAF-Sorten, SAF mittels HEFA (HEFA-SPK) mit einem Durchschnittspreis von 0,79 $/L und einer Preisspanne von 0,39 - 1,40 $/L die günstigste SAF-Variante, während SAF aus dem CH-Prozess, aufgrund der Nutzung von den identischen Rohstoffen, eine Preisspanne von 0,90 – 1,20 \$/L, mit einem daraus resultierenden Durchschnittspreis von 1,05 \$/L aufweist und somit auf dem zweiten Platz hinter SAF aus dem HEFA-Prozess landet. Allerdings muss hier auf die hohe Volatilität des CH-Prozesses hingewiesen werden, da die Wahrscheinlichkeit, dass ein Projekt für SAF-Produktion mittels CH-Prozess, in Verlustgeschäft enden wird. An dritter Stelle folgt die SAF-Sorte FT(-SPK/SKA) mit einem Durchschnittspreis von 1,98 \$/L und einer Preisspanne von 1,19 – 3,05 \$/L. Es folgt, auf dem vierten Platz, SAF aus dem ATJ-Prozess, welcher einen Durchschnittspreis von 2,39 \$/L bei einer Preisspanne von 1,30 – 4,29 \$/L aufweist. Auf dem fünften und letzten Platz landet SAF aus dem DSHC-Prozess mit einem Durchschnittspreis von 2,61 \$/L und einer Preisspanne von 1,06 – 3,86 \$/L, welcher zugleich der teuerste aller SAF-Prozesse ist. Dieses Ranking basiert nur auf den Durchschnittspreisen der einzelnen SAF-Sorten bzw. -Produktionsprozesse und kann auch mit anderen Grundlagen, z.B. Mindest- oder Höchstpreis durchgeführt werden. Bei einem Ranking nach dem Mindestpreis bzw. niedrigstem Preis, würde das Ranking folgendermaßen ausfallen: HEFA, CH, DSHC, FT(-SPK/SKA) und ATJ. Bei einer Sortierung nach dem Höchstpreis ergebe sich wiederum folgendes Ranking: CH, HEFA, FT(-SPK/SKA), DSHC und ATJ. Es lässt sich feststellen, dass sowohl der HEFA- als auch der CH-Prozess jeweils recht robust sind, was die einzelnen Rankings anbelangen und somit als die am ehesten wettbewerbsfähigen Produktionsprozesse für SAF einzustufen sind. Ebenso robust ist auch der ATJ-Prozess, welcher in allen drei Rankings auf dem vorletzten bzw. letzten Platz landen und einer Weiterentwicklung bedarf, um SAF zu wettbewerbsfähigen Preisen zu produzieren. Sowohl DSHC als auch FT(-SPK/SKA) landen jeweils im Mittelfeld, wobei im Schnitt der DSHC-Prozess der teuerste von allen ist und ebenfalls eher einer Weiterentwicklung bedarf, um preislich kommerzielle Größen zu erreichen.

Nachdem auf preislicher Ebene bereits ein Favorit benannt werden kann, gibt es auch die Möglichkeit eines Rankings nach ökologischen Gesichtspunkten. Hierbei erfolgt dieses Ranking nach den über den Lebenszyklus verursachten Emissionen der einzelnen SAF-Sorten. Es muss dabei vorab festgehalten werden, dass für den CH-Prozess keine ausreichende Datenbasis für durch diese SAF-Sorte verursachten Emissionen, zum Zeitpunkt der Erstellung dieser Arbeit zur Verfügung stand, sodass dieser Produktionsprozess beim folgenden Ranking keine Berücksichtigung finden kann. Für die anderen 5 Prozesse (FT-SPK und FT-SKA unter FT zusammengefasst) konnten ausreichend Daten herangezogen werden, sodass diese Sorten bzw. Prozesse im folgenden Ranking berücksichtigt werden können. Nach den, auf den gesamten Lebenszyklus bezogen, verursachten Treibhausgasemissionen belegt SAF aus dem FT-Prozess, FT(-SPK/SKA), mit 9,06 g CO_{2e}/MJ den ersten Platz, während mit 15 g CO_{2e}/MJ der DSHC-Prozess dicht folgt. Sowohl SAF aus dem ATJ- und HEFA-Prozess belegen mit 28,95 bzw. 38,78 g CO_{2e}/MJ belegen hierbei die letzten beiden Plätze. Bis auf den FT-Prozess sind bei allen Emissionswerten keine Emissionen aus Landnutzungsänderungen inkludiert.

Als Antwort für RQ1 und RQ2 lässt sich somit festhalten, dass es zwei Favoriten gibt: HEFA-SPK und FT(-SPK/SKA), wobei HEFA-SPK aus wirtschaftlicher Sicht die günstigere Entscheidung für ein Investment und den Bezug von SAF wäre, da dieser Prozess am ehesten SAF zu wettbewerbsfähigen Preisen anbieten und sich auf dem Markt etablieren kann. Profite aus dem HEFA-Produktionsprozess sind wahrscheinlicher als aus dem CH- oder dem DSHC-Prozess. Aus ökologischer Sicht wiederum wäre eine klare Präferenz für FT(-SPK/SKA) zu nennen, da dieser die geringsten Treibhausgasemissionen über den gesamten Lebenszyklus aufweist. Die preisliche Situation dieser SAF-Sorte könnte sich u.U. durch die Weiterentwicklung des Prozesses und dem Markthochlauf evtl. verbessern, sodass auch der FT-Prozess ein ökonomisch attraktives Investment darstellen kann.

Bleibt abschließend noch die politischen Eingriffs- und Fördermöglichkeiten zu betrachten. Im Detail wurden diese bereits in Kapitel 5 untersucht. Hierbei wurden verschiedene Arten der Förderung von SAF, sowohl in der Nutzung als auch im Markthochlauf betrachtet. Im Fokus stand dabei die internationale Vereinheitlichung, um eine einfache Bewertung von SAF nach einheitlichen Kriterien zu gewährleisten, da die Produktion und Nutzung von SAF grenzüberschreitend geschieht. Neben dem CO_2-Reduktionspotential sollen auch andere Nachhaltigkeitskriterien zur Bewertung mit herangezogen werden, wobei jeweils eine Einzelbewertung mit Sortierung in einzelne Klassen erfolgen soll, um ein Gesamtbild über den Einfluss von SAF auf die Umwelt zu erhalten. Diese Sortierung umfasst die Klassen CO_2-Nettoreduktionspotential und Nachhaltigkeitsklasse. Insbesondere für die Zertifizierung von SAF wäre eine solche Vereinheitlichung der Bewertungskriterien sinnvoll und wünschenswert.

Für RQ3 lassen sich folgende Punkte als Antwort festhalten: Wichtige Anreize für die Nutzung von SAF wäre eine Anhebung des Preises für Emissionszertifikate im Rahmen des Emissionshandelssystems der EU. Allerdings bleibt hier anzumerken, dass eine Anhebung des Preises die anfängliche preisliche Differenz zwischen den Zertifikaten und SAF nicht kompensieren kann. Eine Anrechnung von SAF im Rahmen des Emissionshandelssystems, mittels eines Book-and-Claim-Ansatzes wäre wiederrum ein passender Anreiz für Fluggesellschaften, eher SAF als fossiles Kerosin zu tanken. Ebenso wäre eine Unterstützung der SAF-Produktion durch die Erlöse aus dem Handel mit den Emissionszertifikaten sinnvoll, um so den Markthochlauf zu fördern, womit die hohen Produktionskosten und Verkaufspreise gesenkt werden könnten. Eine Möglichkeit der Umsetzung wären Kohlenstoff-Differenzverträge. Daneben spielt auch die Beimischungsquote eine wichtige Rolle, welche die durch die Luftfahrt verursachten Emissionen reduzieren und den Markthochlauf von SAF fördern kann. Auch hier ist ein Book-and-Claim-Ansatz eine Möglichkeit für die Umsetzung bzw. Erreichung der Quotenziele. Ebenso ist ein beschleunigtes Zertifizierungsverfahren für Produktionsanlagen ein weiteres Instrument, um den Markthochlauf zu fördern. Auch mittels steuerlicher Instrumente können Anreize für die Nutzung von SAF geschaffen werden, indem für das Tanken von SAF den Fluggesellschaften Steuererleichterungen gewährt werden. Zuletzt kann auch das RIN-System aus den USA als Vorbild in Europa dienen, indem ein ähnliches oder sogar dasselbe System auf EU-Ebene eingesetzt wird. Wie in der techno-ökonomischen Analyse aufgezeigt, haben RIN credits einen wichtigen Einfluss auf die Produktionskosten und Verkaufspreise von SAF und können diese beiden Faktoren signifikant senken. Eine Implementierung eines solchen Systems wäre, ggf. unter staatlicher Beteiligung, auch innerhalb der EU, als Ergänzung zum Emissionshandelssystem denkbar.

Es lässt sich abschließend anmerken, dass, wie in der Einleitung bereits erwähnt, in jüngster Vergangenheit immer mehr Fluggesellschaften in den SAF-Markt einsteigen und dass durch Unternehmen wie Neste Oil bereits große, etablierte Konzerne der Energiewirtschaft als Produzenten auf diesem Markt tätig sind. Diese Entwicklungen lassen soweit die Hoffnung zu, dass der Anteil von SAF im Flugverkehr in Zukunft zunimmt, doch die tatsächliche weitere Entwicklung dieser Kraftstoffalternative wird die Zeit zeigen.

Quellenverzeichnis

Airbus (2022): *Zero emission. Bringing cleaner technology to aerospace*, airbus.com [online] https://www.airbus.com/en/innovation/zero-emission [abgerufen am 19.05.2022]

aireg e.V. (2021): Zusammenfassung, Aviation Initiative for Renewable Energy in Germany e.V., Berlin [online] https://aireg.de/wp-content/uploads/2021/11/refueleu_aireg_final.pdf [abgerufen am 02.08.2022]

Alam, Asiful; Masum, Md Farhad Hossain; Dwivedi, Puneet (2021): Break-even price and carbon emissions of carinata-based sustainable aviation fuel production in the Southeastern United States. In: *GCB Bioenergy* 13 (11), S. 1800–1813. DOI: 10.1111/gcbb.12888.

Bauen, Ausilio; Bitossi, Niccoló; German, Lizzie; Harris, Anisha; Leow, Khangzhen (2020): Sustainable Aviation Fuels. Status, challenges and prospects of drop-in liquid fuels, hydrogen and electrification in aviation, in: Johnson Matthey Technological Review, 64 (3), S. 263-278

Bauhaus Luftfahrt (2022): *Hybridelektrische Antriebe. Situation und Herausforderung*, Bauhaus-luftfahrt.net [online] https://www.bauhaus-luftfahrt.net/forschung/energietechnologien-antriebssysteme/hybridelektrischer-antrieb-situation-und-herausforderungen/ [abgerufen am 19.05.2022]

BAZL (2020): *CO2-Emissionen des Luftverkehrs. Grundsätzliches und Zahlen*, BAZL, Ittigen

Begli, Jasmin; Atanasov, Georgi (o.J.): *Wie gelingt die Energiewende in der Luftfahrt? Ideen für elektrische Flugzeugantriebe von morgen*, dlr.de [online] https://www.dlr.de/content/de/artikel/dossier/elektrisches-fliegen/wie-gelingt-die-energiewende-in-der-luftfahrt.html [abgerufen am 21.05.2022]

Bräuninger, Michael; Leschus, Leon; Vöpel, Henning (2008): Nachhaltigkeit von Biokraftstoffen: Ziele, Probleme und Instrumente. In: *Wirtschaftsdienst* 88 (1), S. 54–61. DOI: 10.1007/s10273-008-0752-3.

CAAS (11.02.2022): *CAAS, Singapore Airlines, and Temasek pick ExxonMobil to supply Sustainable Aviation Fuel for Singapore Pilot*, caas.gov.sg [online] https://www.caas.gov.sg/who-we-are/newsroom/Detail/caas-sia-and-temasek-pick-exxonmobil-to-supply-saf-for-singapore-pilot/ [abgerufen am 21.05.2022]

Capaz, Rafael S.; Guida, Elisa; Seabra, Joaquim E. A.; Osseweijer, Patricia; Posada, John A. (2021): Mitigating carbon emissions through sustainable aviation fuels: costs and potential. In: *Biofuels, Bioprod. Bioref.* 15 (2), S. 502–524. DOI: 10.1002/bbb.2168.

Conversion-Metric (2022): Gallon to Liter Conversion (gal to L), [online] https://www.conversion-metric.org/volume/gallon-to-litre [abgerufen am 22.07.2022]

DEHSt (2017): CORSIA, [online] https://www.dehst.de/DE/Europaeischer-Emissionshandel/Luftfahrzeugbetreiber/Corsia/corsia_node.html [abgerufen am 05.08.2022]

Diederichs, Gabriel Wilhelm; Ali Mandegari, Mohsen; Farzad, Somayeh; Görgens, Johann F. (2016): Techno-economic comparison of biojet fuel production from lignocellulose, vegetable oil and sugar cane juice. In: *Bioresource Technology* 216, S. 331–339. DOI: 10.1016/j.biortech.2016.05.090.

EPA (2022a): Renewable Identification Numbers (RINs) under the Renewable Fuel Standard Program, epa.gov [online] https://www.epa.gov/renewable-fuel-standard-program/renewable-identification-numbers-rins-under-renewable-fuel-standard [abgerufen am 05.08.2022]

EPA (2022b): RIN Trades and Price Information, epa.gov [online] https://www.epa.gov/fuels-registration-reporting-and-compliance-help/rin-trades-and-price-information [abgerufen am 05.08.2022]

Eurocontrol (02.2021): *Aviation Sustainability Briefing*, Eurocontrol, Brüssel

Europäische Kommission (2021): Revision of the Energy Taxation Directive: Questions and Answers, Europäische Kommission, Brüssel

Grant, Maria J.; Booth, Andrew (2009): A typology of reviews. An analysis of 14 review types and associated methodologies, Health Information and Libraries Journal, 26, S. 91–108

IEA (2022), *Global Energy Review: CO2 Emissions in 2021*, IEA, Paris [online] https://www.iea.org/reports/global-energy-review-co2-emissions-in-2021-2 [abgerufen am 19.05.2022]

Index Mundi (2022): Kerosin Tagespreis. Kerosin monatlicher Preis - US-Dollar pro Gallone, Index Mundi, [online] https://www.indexmundi.com/de/rohstoffpreise/?ware=kerosin&monate=120 [abgerufen am 06.08.2022]

McKinsey Energy Insights (o. J.): RIN, mckinseyenergyinsights.com [online] https://www.mckinseyenergyinsights.com/resources/refinery-reference-desk/rin/ [abgerufen am 05.08.2022]

Neste (o.J.): *Neste MY Sustainable Aviation Fuel,* neste.com [online] https://www.neste.com/products/all-products/saf#ccfacbd9 [abgerufen am 21.05.2022]

Nguyen, Nhu; Tyner, Wallace E. (2022): Assessment of the feasibility of the production of alternative jet fuel and diesel using catalytic hydrothermolysis technology: a stochastic techno-economic analysis. In: *Biofuels Bioprod Bioref* 16 (1), S. 91–104. DOI: 10.1002/bbb.2258.

Royal Literary Fund (2022): Literature reviews. What is a literature review? rlf.org.uk [online] https://www.rlf.org.uk/resources/what-is-a-literature-review/ [abgerufen am 28.05.2022]

SIA (17.02.2022): *Airbus, Rolls-Royce, Safran and Singapore Airlines sign Global Sustainable Aviation Fuel Declaration at Singapore Airshow*, singaporeair.com [online] https://www.singaporeair.com/en_UK/de/media-centre/press-release/article/?q=en_UK/2022/January-March/JR0322-220217 [abgerufen am 21.05.2022]

Sieppi, Susanna (10.12.2019): *Neste liefert KLM noch mehr nachhaltiges Kerosin für Flüge von Schipol aus*, neste.de [online] https://www.neste.de/releases-and-news/renewable-solutions/neste-liefert-klm-noch-mehr-nachhaltiges-kerosin-fuer-fluege-von-schiphol-aus [abgerufen am 21.05.2022]

Sieppi, Susanna (13.08.2019): *Neste to supply sustainable aviation fuel to three major U.S. airlines*, [online] https://www.neste.com/releases-and-news/aviation/neste-supply-sustainable-aviation-fuel-three-major-us-airlines [abgerufen am 21.05.2022]

Smart-Rechner.de (06.05.2022): Umrechnung von Barrel Öl (bbl) in Liter (l) und umgekehrt. [online] https://www.smart-rechner.de/volumen_umr/infothek/umrechner_barrel_oel_liter.php [abgerufen am 22.07.2022]

Springer, Andrea (2018): Sustainable Aviation Fuels Guide_090418. [online] https://www.icao.int/environmental-protection/knowledge-sharing/Docs/Sustainable%20Aviation%20Fuels%20Guide_vf.pdf, [abgerufen am 09.07.2022]

Tanzil, Abid H.; Brandt, Kristin; Wolcott, Michael; Zhang, Xiao; Garcia-Perez, Manuel (2021): Strategic assessment of sustainable aviation fuel production technologies: Yield improvement and cost reduction opportunities. In: *Biomass and Bioenergy* 145, S. 105942. DOI: 10.1016/j.biombioe.2020.105942.

Thomas Oswald aeroware.at (o.J.): Der Aviation Fuel Calculator für Piloten. [online] https://www.aeroware.at/Meine-Apps/Aviation-Fuel-Calculator/ [abgerufen am 22.07.2022]

TranslatorsCafe.com (01.02.2017): Einheitenrechner. Einfache Umrechnung verschiedener Maßeinheiten, [online] https://www.translatorscafe.com/unit-converter/de-DE/energy/2-36/Gigajoule-Tonne%20(Sprengstoff)/ [abgerufen am 22.07.2022]

United Corporate Responsibility Report (2022): *Emissions reduction, sustainable fuel & innovation*, [online] https://crreport.united.com/environmental-sustainability/emissions-reduction-sustainable-fuel-and-innovation [abgerufen am 21.05.2022]

Wang, Wei-Cheng; Tao, Ling (2016): Bio-jet fuel conversion technologies. In: *Renewable and Sustainable Energy Reviews* 53, S. 801–822. DOI: 10.1016/j.rser.2015.09.016.

Abbildungsverzeichnis

Tabellenverzeichnis

BEI GRIN MACHT SICH IHR WISSEN BEZAHLT

- Wir veröffentlichen Ihre Hausarbeit, Bachelor- und Masterarbeit

- Ihr eigenes eBook und Buch - weltweit in allen wichtigen Shops

- Verdienen Sie an jedem Verkauf

Jetzt bei www.GRIN.com hochladen und kostenlos publizieren